国家出版基金项目

NATIONAL PUBLICATION FOUNDATION

# 记住乡愁

## ——留给孩子们的中国民俗文化

刘魁立◎主编

第八辑 传统营造辑

## 四合院的礼俗

王颢霖◎编著

本辑主编 刘 托

黑龙江少年儿童出版社

# 编委会

# 序

亲爱的小读者们，身为中国人，你们了解中华民族的民俗文化吗？如果有所了解的话，你们又了解多少呢？

或许，你们认为熟知那些过去的事情是大人们的事，我们小孩儿不容易弄懂，也没必要弄懂那些事情。

其实，传统民俗文化的内涵极为丰富，它既不神秘也不深奥，与每个人的关系十分密切，它随时随地围绕在我们身边，贯穿于整个人生的每一天。

中华民族有很多传统节日，每逢节日都有一些传统民俗文化活动，比如端午节吃粽子，听大人们讲屈原为国为民愤投汨罗江的故事；八月中秋望着圆圆的明月，遐想嫦娥奔月、吴刚伐桂的传说，等等。

我国是一个统一的多民族国家，有 56 个民族，每个民族都有丰富多彩的文化和风俗习惯，这些不同民族的民俗文化共同构筑了中国民俗文化。或许你们听说过藏族长篇史诗《格萨尔王传》

中格萨尔王的英雄气概、蒙古族智慧的化身——巴拉根仓的机智与诙谐、维吾尔族世界闻名的智者——阿凡提的睿智与幽默、壮族歌仙刘三姐的聪慧机敏与歌如泉涌……如果这些你们都有所了解，那就说明你们已经走进了中华民族传统民俗文化的王国。

你们也许看过京剧、木偶戏、皮影戏，看过踩高跷、耍龙灯，欣赏过威风锣鼓，这些都是我们中华民族为世界贡献的艺术珍品。你们或许也欣赏过中国古琴演奏，那是中华文化中的瑰宝。1977年9月5日美国发射的"旅行者1号"探测器上所载的向外太空传达人类声音的金光盘上面，就录制了我国古琴大师管平湖演奏的中国古琴名曲——《流水》。

北京天安门东西两侧设有太庙和社稷坛，那是旧时皇帝举行仪式祭祀祖先和祭祀谷神及土地的地方。另外，在北京城的南北东西四个方位建有天坛、地坛、日坛和月坛，这些地方曾经是皇帝率领百官祭拜天、地、日、月的神圣场所。这些仪式活动说明，我们中国人自古就认为自己是自然的组成部分，因而崇信自然、融入自然，与自然和谐相处。

如今民间仍保存的奉祀关公和妈祖的习俗，则体现了中国人崇尚仁义礼智信、进行自我道德教育的意愿，表达了祈望平安顺达和扶危救困的诉求。

小读者们，你们养过蚕宝宝吗？原产于中国的蚕，真称得上伟大的小生物。蚕宝宝的一生从芝麻粒儿大小的蚕卵算起，中间经历蚁蚕、蚕宝宝、结茧吐丝等过程，到破茧成蛾结束，总共四十余天，却能为我们贡献约一千米长的蚕丝。我国历史悠久的养蚕、丝绸织绣技术自西汉"丝绸之路"诞生那天起就成为东方文明的传播者和象征，为促进人类文明的发展做出了不可磨灭的贡献！

小读者们，你们到过烧造瓷器的窑口，见过工匠师傅们拉坯、上釉、烧窑吗？中国是瓷器的故乡，我们的陶瓷技艺同样为人类文明的发展做出了巨大贡献！中国的英文国名"China"，就是由英文"china"（瓷器）一词转义而来的。

中国的历法、二十四节气、珠算、中医知识体系，都是中华民族传统文化宝库中的珍品。

让我们深感骄傲的中国传统民俗文化博大精深、丰富多彩，课本中的内容是难以囊括的。每向这个领域多迈进一步，你们对历史的认知、对人生的感悟、对生活的热爱与奋斗就会更进一分。

作为中国人，无论你身在何处，那与生俱来的充满民族文化DNA的血液将伴随你的一生，乡音难改，乡情难忘，乡愁恒久。这是你的根，这是你的魂，这种民族文化的传统体现在你身上，是你身份的标识，也是我们作为中国人彼此认同的依据，它作为一种凝聚的力量，把我们整个中华民族大家庭紧紧地联系在一起。

《记住乡愁——留给孩子们的中国民俗文化》丛书，为小读者们全面介绍了传统民俗文化的丰富内容：包括民间史诗传说故事、传统民间节日、民间信仰、礼仪习俗、民间游戏、中国古代建筑技艺、民间手工艺……

各辑的主编、各册的作者，都是相关领域的专家。他们以适合儿童的文笔，选配大量图片，简约精当地介绍每一个专题，希望小读者们读来兴趣盎然、收获颇丰。

在你们阅读的过程中，也许你们的长辈会向你们说起他们曾经的往事，讲讲他们的"乡愁"。那时，你们也许会觉得生活充满了意趣。希望这套丛书能使你们更加珍爱中国的传统民俗文化，让你们为生为中国人而自豪，长大后为中华民族的伟大复兴做出自己的贡献！

亲爱的小读者们，祝你们健康快乐！

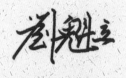

二〇一七年十二月

# 目 录

光阴里看一看

| 光阴里看一看 |

中国传统住宅的样式大多四面是房子，围起中间一个院子。习惯上，我们把这种样式的住宅叫作"合院住宅"。人们常说的四合院，就是合院建筑中特别常见的一类，北京四合院更是其中的代表。所谓"四合"，是说东、西、南、北四面都有房子，四面的房子都面向院子开门，像个"口"字，围合出一个方形的空间，自成一片天地。

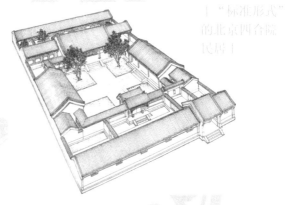

| "标准形式" 的北京四合院民居 |

| 北京胡同四合院 |

一

中国人对这种合院住宅十分钟情，合院这种居住形式起于商周，历经汉唐宋元明清，直至今日。在许多发掘的遗址和留存的图像中，都记录着合院住宅的历史和发展。

从哪里说起呢，这悠长的岁月，见证了兴亡悲欢。木石、砖瓦、堂屋和门洞，都诉说着"时间上漫不可信的变迁"。从已经发掘的陕西岐山凤雏村建筑遗址中可以发现，早在西周时期，合院住宅的形式就已经出现。从复原图可以看出，合院住宅从前向后依次排列着影壁、

｜陕西岐山凤雏村西周住宅遗址复原示意图｜

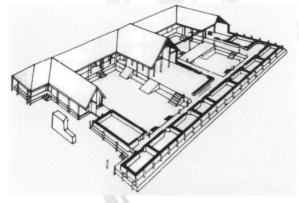

｜敦煌壁画中的唐代合院住宅｜

大门、前堂、穿廊以及后室，两侧布置有廊庑，整体上已经有了前后两进院落的格局。

到了汉朝时期，规整的合院住宅更加普遍。在四川成都出土的东汉画像砖上，描绘了一户人家的日常生活。画像中有宽敞的堂屋，四周连通的廊庑围合出几个小院子，院内还饲养着翩翩起舞的仙鹤。

魏晋之后，合院住宅不断发展，渐渐成为传统住宅的主流形式。唐代敦煌的壁画、宋代的《清明上河图》中，对合院住宅都有所描绘，或置于闹市中，或处于山水间。诗人白居易在《伤宅》中写道："谁家起甲第，朱门大

道边。丰屋中栉比，高墙外回环。累累六七堂，栋宇相连延。"诗中描绘的深宅大院也从侧面说明唐代合院住宅的流行。

元明清三代，合院住宅更趋成熟。元代确定北京作为大都，城市规划整齐。元世祖忽必烈鼓励在大都城内建造宅院，他规定建房者可以占地八亩，许多功臣、贵族、商人由此开始在京城内大规模建造合院住宅。"云开闾阖三千丈，雾暗楼台百万家"，除了"三千丈"的宏伟宫殿，这"百万家"便多是合院式的民宅了。

二

合院住宅常以北京四合院为典型代表，要说北京的四合院，须得先说说北京的胡同。

四合院的存在脱离不了城市的街巷，大大小小的四合院就分布在北京的街巷和胡同中。除了少数斜街，北京的胡同大多是东西走向的，南北走向的一般为街，相对较宽。街巷之类的统归于胡同。

北京的胡同大多形成于元代，现在北京城里的不少

北京的胡同

北京方家胡同

胡同还是元代的格局。经过明清两代的发展充实，胡同的数量又增加了很多。老北京人说京城里"大胡同三千六，小胡同赛牛毛"，可见胡同数量之多。四合院依赖胡同而布局，北京人对胡同有着特殊的感情，它是家家户户出入的通道，更是一道道民俗风景线。

从北京胡同命名的方式上，可以看出浓郁的生活气息和文化品性。

有的胡同以江河湖海命名，如大江胡同、河泊厂胡同、海滨胡同等。

有的胡同用人物官衔或姓氏名字命名，如蒋家胡同、文丞相胡同、贾家胡同等。

有的胡同用花草鱼虫命名，如花枝胡同、草园胡同、金鱼胡同、柳树胡同、东椿树胡同等。

俗话说，老百姓"开门七件事"，自然就有柴棒胡同、米市胡同、油坊胡同、

酱坊胡同、醋章胡同和茶儿胡同。

有的胡同取名十分随性，直接用其明显的标志来命名，宽的叫"宽街"，窄的叫"夹道"，斜的叫"斜街"，曲折的叫"八道湾"。北京的八道湾胡同有四条，鲁迅先生就曾住过新街口的八道湾 11 号院。

还有以寺庙命名的琉璃寺胡同、前圆恩寺胡同、辛寺胡同等。有的寺庙建筑已经消失，但胡同的名字依旧存在。

有些胡同的名字现在听

| 胡同风景 |

起来有点儿生僻，像禄米仓胡同、惜薪胡同、府学胡同、贡院胡同、兵马司胡同等，都是古代的衙署机构名称沿用下来的。

还有不少胡同带有"儿"化音，显得"京味儿"十足，像是罗儿胡同、鸦儿胡同、雨儿胡同、阡儿胡同、帽儿胡同、盆儿胡同、菊儿胡同等。

老百姓也喜欢用一些吉

| 胡同风景 |

利的字给胡同起名，图个好彩头，像是"喜""福""寿"等字就特别受欢迎——大喜胡同、福胜胡同、寿比胡同、寿逾百胡同等等，直白又讨喜。还有带着"平""安""吉""祥"字样的幸福胡同、安福胡同、北吉祥胡同、永祥胡同等。

除了名字各异，胡同的形式也多种多样。北京最长的胡同东交民巷全长约1600米，最短的一尺大街胡同仅有30余米长，最宽的要数灵境胡同，最宽处有32.18米，最窄的钱市胡同最窄处只有0.4米，拐弯最多的九湾胡同拐了十多个弯。古老的砖塔胡同从元代一直守候到今天，元杂剧《张生煮海》中的侍女，回复张生家童的约见时，便说可去"砖塔胡同总铺门前来寻我"。

胡同联结了一个个四合

| 北京帽儿胡同 6 号 |

本的单位是"间"和"架"。"间"的概念和今天我们说的一间房、两间房有点类似，"间"用来计量水平方向的宽度。有了水平，自然就有进深，进深方向的大小由"架"来决定。"间""架"作为基础的单位构建起屋子，因而"间""架"的数量就决定了屋子的大小。屋子与屋子通过围合形成院落，院落和院落的连接组合则被称为"进"，两个院子连接称为二进院，三个院子连接就叫作三进院。

院，街坊邻居在胡同里遇到了，总习惯问候上几句："您吃了吗？""您出门儿啊？"……走过长长的胡同，青砖灰瓦的院墙、装饰各样的宅门，偶尔一支从院内伸出的花枝，加上走街串巷的叫卖，婚丧嫁娶的仪仗，胡同的砖瓦也染上许多人情味。

最简单的四合院只有一个院子，称为单进四合院。单进四合院四面各有房屋围合，形状像个"口"字，大门开在东南角的位置，院子的北部多是盖三间正房，有时还在它的两侧各加盖一间

## 三

走进四合院之前，我们先来认识一下组成它的基本"单位"。

四合院内的建筑，最基

小房子，看起来像正房的两只耳朵，所以称为"耳房"。与正房成直角的是东、西两侧的厢房。和大门在一条直线上，隔着院子与正房相对的房子叫作倒座房，大门和正房都面向南方，只有它是"倒"着的，倒座房主要用来会见外客或作客房之用，私塾通常也设在此处。

单进四合院结构紧凑，恰好适合人口不太多的小家庭居住。单进四合院还有一种只建正房和两侧厢房的简单形式，南面不盖屋子，只用围墙围合，开一个大门，这种可以叫它"三合院"。但有一点，北京的合院有"三合""四合"，但没有"二合"或是"五合"的说法。

两进四合院有前院和内院两个院子，形式上有点儿

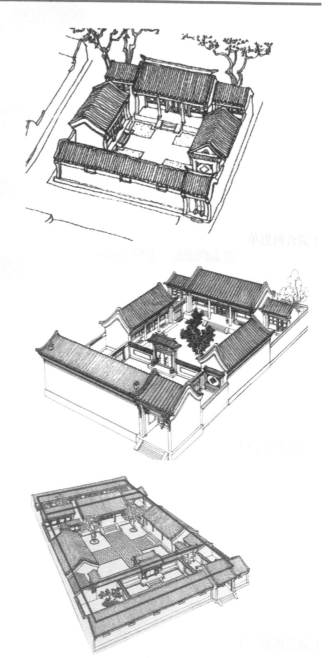

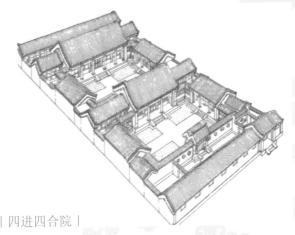

|四进四合院|

|四合院建筑组成|

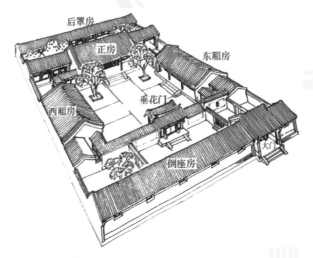

像一个"日"字。进了大门，迎面处一般有一面影壁，向西一转，就进到长方形的前院，前院主要用于对外事务，院南依旧是一排倒座房。前

院和内院一墙之隔，正中轴线上设第二道门——垂花门，垂花门一般色彩纷呈，装饰华丽。进了垂花门，就进了第二进院落，这里是四合院的核心部分，也是全家人主要的活动场所。同单进四合院一样，院北的正房是整个院落中朝向最好、规格最高的建筑，正房的两边加盖东、西耳房，院子的两边是东、西厢房。讲究的四合院在垂花门的两侧往往构筑抄手游廊，用来连接厢房与正房。两厢与正房之间有一段距离，游廊把二者连接的时候，须拐直角，看起来像是把两只手抄起来似的，因此叫抄手游廊。游廊外侧的墙壁上开有各种样式的什锦窗。遇到雨雪天气或是夏日烈日当空时，沿着院落外缘

布置的抄手游廊就成了宜人的交通通道。

再多一进院落，像"目"字形的，就是三进四合院了，也是最典型的四合院样式。三进四合院是在两进四合院的基础上再增加一个后院，整个宅院的北部有一排后罩房，形成一个狭长的小后院。

以此类推，在三进四合院的基础上还可以发展至多进院的形式，在前院和后院之间可以增加多个内院，形成四进、五进的院落。这主要是看居住者的需求，当然也受制于胡同的宽窄。

四合院不仅可以纵深发展，也可以横向并联，可以一路纵列，也可以旁带跨院，形成二路、三路、四路并列的大宅院，或是加筑花园。四合院的组合形式十分灵活，可以根据需要做出相应的变化，把许多个四合院连接在

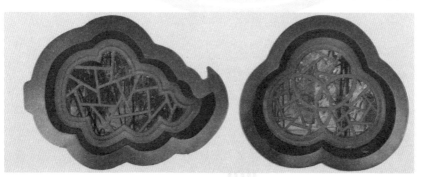

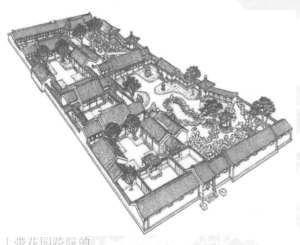

| 带花园跨院的四合院 |

一起。

四合院除去"合"之外，又多了一个"深"字，宋人词云"庭院深深深几许"，并不是夸张。当然，大的宅院并不是随便想建就可以建。封建社会等级森严，按规定，低品级的官员及百姓，正房最多建三间。四合院建房子是不建双数的，三、五、七间都可，但不能建四间，俗语道，"四六不成材"，即使有建四间房的空间，也只能建成三间，两边补建半间。

# 四

北方的春冬季节干冷多风，夏秋季节湿热多雨，北京四合院的布局正是顺应了这种自然条件。标准的四合院一般有前、中、后三进院，包含正房、倒座房、东西厢房以及后罩房，四周围合高墙，高墙墙体一般比较厚实，外墙上也很少开窗，屋子都是面向院落开门开窗。这样的布局可防风防沙，也利于

| 山西合院民居 |

保温。人们常在露天的院落植树种花，与外界形成一个内外循环的小气候，在多雨的夏秋季节，雨水可以很快排尽。开敞的布局使屋内屋外在冬日里都可以得到良好的采光。

除了典型的北京四合院，不同的地区因为气候条件和居住习惯的不同，合院的呈现形式也有所不同。例如山西著名的乔家大院、王家大院，院落都是纵向的狭长方形，这样的设计更有封闭性和防御性。南方的合院形式也是丰富多样，那里楼房建得比较多，建筑的山墙多采用防止火势蔓延的马头墙，看起来轻巧灵动。如徽州地区的"四水归堂"，四面围合出一方天井。云南大理的"三坊一照壁""四合五井天"

也是典型的合院住宅。

四合院建筑不仅是适应自然环境的选择，也是人们"重礼教""讲家和"的生活方式和居住观念的体现。长达两千多年的封建社会使得传统的礼制思想深入人

｜徽州民居四水归堂｜

｜云南民居"三坊一照壁"｜

| 胡同四合院 |

心，配合出现的一整套行为规范和家庭伦理观念也恰恰与四合院的居住形式相吻合。对外保有私密性，对内几代同堂秩序井然地生活在一处宅院中。这种居住方式和居住观念反过来也促进了合院住宅的发展和成熟。

四合院里走一趟

# | 四合院里走一趟 |

门口有四棵门槐，有上马石下马石，拴马的桩子。对过儿是磨砖对缝八字影壁。路北广亮大门，上有电灯，下有懒凳。内有回事房、管事处、传达处。二门四扇绿屏风洒金星，四个斗方写的是"斋庄中正"；背面是"严肃整齐"。进二门方砖墁地，海墁的院子，夏景天高搭天棚三丈六，四个堵头写的是"吉星高照"。院里有对对花盆石榴树，茶叶末色的养鱼缸，九尺高夹竹桃，有迎春、探春、栀子、翠柏、梧桐树，各种鲜花，各样洋花，真有四时不谢之花，八节长春之草。正房五间为上，前出廊，后出厦，东西厢房东西配房东西耳房。东跨院是厨房，西跨院是茅房，倒座儿书房五间为待客厅。明摘合页的窗户，可扇的大玻璃，夏景天是米须的帘子，冬景天子口的风门儿。

——传统相声《夸住宅》

四合院大门

一

常听人们说"门脸"或"门面"，门是一种人为的界定，以别内外。传统四合院住宅中，人们对大门是极为看重的。四合院的大门也是居住者身份等级的象征。

大门根据形制、大小、装饰的种种不同可分为王府大门、广亮大门、金柱大门、蛮子门、如意门等。王府大门是这些大门中规格最高

| 广亮大门 |

的，设在宅院的中轴线上，皇室子弟用其显示身份，它不算在民居的范围内。根据《大清会典》，亲王府的大门可以占五间，中间的三间都可以开启；郡王府的大门占三间，中间的一间可开启。王府大门的门板上排列着门钉，屋面上覆盖绿色的琉璃瓦，屋脊上有吻兽。凡是王

| 王府大门 |

府大门，门前大多有两只威严的石雕狮子，一雄一雌，雄狮子踩绣球，雌狮子则脚抚一只小狮子。《红楼梦》里林黛玉初次看到宁国府的大门，便是"街北蹲着两个大石狮子，三间兽头大门"。

除了王府大门，另外的几种大门都是只占一间房的单间大门，虽然看起来差不多，但也有着明确的等级划分，其关键就在于安装门扇的位置。不同于王府把大门开在正中间，大多数坐北朝南的四合院都是在南墙偏东的位置开门，从风水上讲，这个位置在八卦中是巽位，代表的是风，风吹进此处，风水上是十分吉利的。

贵族和官员们用得比较多的是广亮大门，门扇把大门的进深一分为二，门里门

外各形成半间房的空间，从外面看有宽阔的门洞。广亮大门的台基比较高，门框上装饰有门簪，檐下还有精美的木雕雀替和三幅云作装饰。

金柱大门从外形上看和

|金柱大门|

|蛮子门|

| 如意门 |

| 胡同中的大门 |

广亮大门很相似，它其实是把广亮大门的门扇向外推出一段距离，安在金柱的位置上，这样一来，门前的进深就少了一块，显得没有广亮大门深邃。

蛮子门的道理也是一样，门扇又向外推至檐柱的位置，商人富户常用这种门。

如意门在蛮子门的基础上，两侧用砖砌墙，门楣上装饰有各种吉祥的砖雕。如意门名字的由来有许多说法，有的认为是因为门洞上方左右两角的位置雕刻成如意状的砖饰，有的认为两枚门簪常常雕刻上"如意"二字，还有的认为尺度宜人所以"如意"。

百姓住宅大门采用如意门的比较多，它的形制虽然不高，但不受等级制度限制，

[胡同中的大门]

安在门框上。门框之上我们叫它上槛，就是春节贴对联时，用来贴横批的位置。门扇的正上方还有一组固定门框的木质门簪，通常是两个或四个。门簪因为形似古代女性的发簪而得名，其形状有方形、长方形、菱形、六

可以随意装饰，既可以雕琢得精美华丽，也可以做得朴素简洁，一切根据主人的志向爱好和财力情况而定。

以上说的几种都是屋宇样式的大门，还有更简单的随墙开的门，在外墙上直接砌一个青砖小门楼，安置两扇黑油门扇，也可以做出精致的雕刻。

传统的门扇大多为双扇，

[门簪]

[门簪]

|抱鼓石|

角形、八角形等，样式灵活多变。正面或雕刻或描绘牡丹、荷花、菊花、梅花等四季花卉，也可以写上"福禄寿喜""出入平安"等吉祥语。门框的下面是门槛，门槛两边安置的是门扇开合的依赖——门枕，门枕由一整块石头雕刻而成，门内侧的半块雕刻成方形，上面凿有用来安置门扇转轴的窝眼，门外的一侧则雕刻成圆鼓形或长方形，就是俗称的门墩。

门墩的装饰性十分明显，通常雕有辟邪的兽面或是代表吉祥寓意的花草图案。

## 二

三号门外，在老槐树下面有一座影壁，粉壁得黑是黑，白是白，中间油好了二尺见方的大红福字。祁家门外，就没有影壁，全胡同里的人家都没有影壁。

——老舍《四世同堂》

走进大门最先看到的是照壁。照壁也叫影壁，是一面面对大门起屏障作用的矮墙。别看它只是一面墙壁，但设计精美，制作巧妙，在四合院的门口起着烘云托月的作用。照壁古时也叫萧墙，所谓"祸起萧墙"，说的就是这面墙。中国人是"家丑

| 照壁 |

不可外扬"的民族，祸乱发生在家里面，自然要遮挡起来。照壁在古代也叫"罘罳"，"臣将入请事，于此复重思之也"，想要进门去说事情，反复思量，才跨进门去，"进门"这件事，需要再三思考认真对待。

除了遮挡视线，使人窥探不到门内，照壁也有一些风水上的说法，风水讲究导气，讲究"曲则有情"，气不能直冲厅堂或卧室，否则是不吉利的。为了避免"气冲"，人们便在房屋大门前面置一堵墙，为了保持"气畅"，这堵墙又不能封闭，所以形成照壁这种建筑形式也就说得通了。再者，古人认为鬼怪们走起路来都是直来直去的，不会拐弯，设置照壁也是为了驱鬼辟邪。

照壁可以设在大门内，也可置于大门外，前者称为内照壁，后者称为外照壁。绝大部分照壁都是用砖砌成的，即使没什么装饰的，也必须磨砖对缝做得整齐美观，豪华的照壁则极尽装饰的可能。从外形上看，照壁分成上、中、下三部分。最下面的部分叫作下碱，相当于基座一样。复杂的会做成须弥座的样式，简单的没有座，

| 座山照壁 |

| 照壁 |

砌成方方直直的。墙身的中心区域叫作照壁心，在面对大门的这面，一般都有砖雕的纹样，大多取自带有吉祥寓意的植物、动物，或是写上"平安""迎祥"之类吉祥的字样。最上面的部分是墙帽，或硬山式或悬山式，或有屋脊或不做屋脊，用小号的青瓦铺面，仿佛一间房的小屋顶。

四合院常见的照壁有三种，第一种位于大门内侧，像个"一"字形。大门内的一字照壁有独立于厢房山墙之外的，称为独立照壁。如

[反八字影壁]

果在厢房的山墙上直接砌出小墙帽，做出照壁形状，使照壁与山墙合为一体，则称为座山照壁。第二种是位于大门外面的照壁，正对宅门，除了"一"字形，等级高一些的住宅还会做成"八"字形，显得富丽隆重。还有一种称为"反八字影壁"或"撇山影壁"，斜着安置在宅门两侧，与大门呈60°或45°夹角，平面呈"八"字形。

这种影壁可以使门前的空间看起来更为开敞。照壁与大门互相映衬，二者密不可分。

[一字照壁]

通常，照壁前要放置一些盆景花木，烘托气氛。

## 三

林黛玉扶着婆子的手，

|垂莲柱|

|垂莲柱|

|垂花门顶部侧面|

进了垂花门，两边是抄手游廊，当中是穿堂，当地放着一个紫檀架子大理石的大插屏。转过插屏，小小的三间厅，厅后就是后面的正房大院。正面五间上房，皆雕梁画栋，两边穿山游廊厢房，挂着各色鹦鹉、画眉等鸟雀。

——《红楼梦》

垂花门是四合院中装饰得最为精致的门，也是分隔内院与前院的一道门。俗话说"大门不出，二门不迈"，"二门"指的就是垂花门。旧时家中女眷迎送亲友只能到垂花门。垂花门的两侧有一对"垂莲柱"，两根柱子并不落地，而是雕刻成倒垂的莲花花苞、西番莲或是其他样式的花柱头，所以这种门叫垂花门。垂花门与正房之间的院落是四合院的主院，是房主与家人的主要活动场所，也是举行重大活动的地方。

垂花门"占天不占地"，浓缩了许多传统建筑的智慧。垂花门大多采取"一殿一卷"式的屋顶，分为前后两部分，前面是一个正常的悬山顶，后面连接做成卷棚的屋顶，从侧面看有点儿像舒缓的"m"形。有的垂花门只用一个卷棚的简单形式。

垂花门在向外的一侧安装双扇门，也叫"攒边门"，白天是常开的，门里的一侧安着四扇屏门，平时一般不开启，只有红白喜事或重大活动的时候才打开。屏门不像其他门扇涂刷或红或黑的油漆，它被漆成绿色。上面有四个红色的斗方或四个飞

金的汉代瓦纹，还有的写着"斋庄中正"等字样。也有不做屏门的，直接在垂花门内置一个木制的大插屏，作用和屏门一样，也为了阻隔

| 垂花门 |

| 木质插屏 |

| 斋庄中正 |

视线，免得院内一览无余。

## 四

在四合院中，正房是规制最高的建筑，它的高度、开间和进深也都大于其他房屋。正房一般盖三间，中间为"明间"，两侧称"次间"，位于东面的叫东次间，位于西面的叫西次间。如果正房是五间，那次间两侧的房屋称为"稍间"，位于东面的称东稍间，位于西面的称西稍间。在尺寸上，明间最大，次间与稍间递减。明间一般用作起居、会客，或设有祖堂与佛堂，房主与家人也在这里聚会。次间一般作为房主的卧室与个人活动的场所。正房的两侧有时会加盖耳房，耳房可以是一边一间，也可以是一边两间。比如三间正房加盖了两间耳房，叫作"三间两耳"，俗称"五间口"，三间正房加盖四间耳房，就是"三间四耳"，俗称"七间口"。耳房的体量很小，屋顶和台基也比正房低，进深也浅。耳房作为正房的辅助用房，可以堆放杂物，也可以作为房主活动的次要场所。

与正房形成直角的厢房通常也是三间，高度较正房矮一点儿，东西厢房相向而立，位于东侧的称东厢房，位于西侧的称西厢房。厢房也可以加筑耳房，耳房一般做成平的屋顶。厢房的等级比正房低，在使用上，多作为儿女的住所。东厢房有时也作厨房，里面设有灶台，在灶台上方的墙壁上贴有灶王爷的神像或者灶王爷与灶王奶奶的神像。传统习俗"二十三，祭灶官"，祭灶是四合院里的重要活动，灶王是司命之神，传说农历的腊月二十三日是灶王爷登天门回禀人间善恶的日子，人们在这天会用糖瓜、汤圆、糖糕等甜软的食品作为祭品，送灶王爷与灶王奶奶上天，让他们"上天言好事，回宫降吉祥"。

正房的背后是后罩房，长度与正房基本相等。但是进深狭窄，在间数上也不与正房保持一致。后罩房一般用来堆放杂物，或者用作女

| 正房与厢房 |

佣的住所。位于前院的倒座房与后罩房有些相似，但方向相反，与正房南北相望，

倒座房的门窗向北开，可以当作客厅，也可以当作男佣的住所。

木与石的故事

## | 木与石的故事 |

木石瓦土、油漆彩画，从风水选址到栽树种花，四合院的营建，有许多的奥妙。师傅带着徒弟，代代相传，延承至今。

一

清代有一位叫作李光庭的人，写过一篇《造室十事》，把他的家乡建造房屋的工程分为十件事情，分别是：打夯、测平、煮灰、码磉、上梁、垒墙、盛泥、飞瓦、安门、打炕。北京四合院的营造与之有相通的地方。

要建造一座四合院，首

北京四合院

| 四合院的屋顶 |

先是选一个好的地段，传统的中国人最讲究"相地"，宅院承载着人们对家的期待，马虎不得。盖房子之前，要先请风水先生或懂得风水择宅的匠人谋划一番。房主会提出需求，要建几进院子、需要多少房间，并告知建房预算等，过程和我们现在的家庭装修也有几分相似，不过旧时的工匠们很少用图纸，多是凭着师傅代代相传的做法和经验。

正式施工之前，需要先平整土地，确定标准的水平高度和方位，这个过程称为"测平定向"，然后才可以放线。

放线是以整个建筑的中轴线为准，根据房屋的开间、面宽，确定建筑的台基、柱子、墙壁的位置。放线时要清理基地，并用石灰粉画线圈定出营造的范围，接下来以放线的范围作为依据，开始挖出房屋的基槽。

常见的地基多是采用三七灰土（由30%的石灰和70%的黄土搅拌均匀而成）夯实，或是填入碎砖然后灌入灰浆。地基需要夯实找平，旧时没有压路机，都是人力压实土地。打夯时匠人们为了步调协调一致，常常会唱着类似劳动号子的歌曲，例如："一步土，两步土，步步登高卿相府；打好夯，盖好房，房房俱出状元郎。"夯土的过程中需要"落水"，就是均匀泼洒清水，以保证夯土密实。四合院院内的地面要比胡同的地面高一些，主要是考虑到排水问题，这样水才能顺利排出；另外，中国人很讲究"出入"这件事，如果四合院院内地面较低，进门就会向下走好似陷在坑内，出门又"状如登山，步

胡同四合院

步艰难"。

打好地基后，就可以立柱脚石了，俗话叫作"磉墩"，继而砌出拦土，就可以进行木构架的部分了。

二

"储上木以待良工"，原始的木料在工匠师傅的手中加工成一个个精巧的建筑构件，再装配组合成完整的木构架。木构架是整个建筑的主体，北京四合院的木构架多采用抬梁式，简单地说就是立柱、上梁、架檩、铺椽，这是层层而上的一种形式。

上梁是一件极为讲究的事情，形容一个人可堪大用，总说他是栋梁之材，足见"梁"在结构中的重要。上梁是顶要紧的喜事，要挂红放鞭炮，还要设宴款待工匠师傅。文人士大夫常写上梁文来祈愿，文天祥就曾写过《山中堂屋上梁文》："伏愿上梁之后，千山欢喜，万竹平安。"苏东坡晚年谪居海南，修了白鹤新居，在《白鹤新居上梁文》中写道："伏愿上梁之后，山有宿麦，海无飓风。气爽人安，陈公之药不散。年丰米贱，林婆之酒可赊。凡我往还，同增福寿。"虽是祷祝的文辞，但字字真切，面面俱到——气候要好，日子要太平，要有医疗，物价要低，还要有可以赊账的酒，夫复何求呀？

三

木构架完成的同时，瓦工们开始用石灰和泥，准备砌墙。砌墙可以全部采用完整的砖，也可以外层用整砖，墙心用拳头大小的碎砖，也有完全用碎砖的。完全用碎砖砌墙是北京四合院工匠的一门手艺"碎砖头垒墙墙不倒"，碎砖墙外面抹一层灰面，看着也比较美观，是北京地区民居建筑的一大特色。

建造精美的四合院，讲究磨砖对缝，也叫作"干摆"。磨砖是指先将砖浸过水，再将其各个表面都打磨细致。讲究的做法叫"五扒皮"，事先把砖砍磨成边直、角正的形状，铺一层浇灌一层灰浆，砌砖时要把缝对正，砖与砖之间的石灰缝要上下对齐形成一条细细的直线。砌好之后须得对墙的表面反复打磨，使其平整利落。

四

铺瓦是保证屋子不漏水的重要工作，免得"床头屋漏无干处"。在铺瓦前需要先在望板上面铺上一层灰背，称为"苫背"。苫背其实由许多层灰背、泥背及麻质纤维铺就而成，为的是增加强度。灰背做好了才可以铺瓦，安装瓦件的工作被称为"瓦（wà）"。

北京的四合院大多采用合瓦屋面，瓦沟和瓦垄都采用青板瓦，正反互扣，再在檐前装饰上滴水。铺瓦的时候先铺底瓦，工匠们有个口诀叫作"压七露三"，是说

滴水

铺瓦的时候上面的一块瓦要压住下面一块的70%的面积，以减少雨水渗漏。铺好的屋瓦要定期检查，发现开裂的地方要用灰泥补好，春季落在屋瓦中的草籽也要及时清除，不然夏季雨水一来，草籽发芽，屋顶上长满野草，屋内就可能要漏水了。

## 五

砌好墙、铺好屋瓦，就开始"收拾"室内的墙壁、顶棚，安置门窗、隔断，摆放家具。

**天花、墙壁**　过去寻常百姓的四合院天花做法都比较简单。一般是先用高粱秆做成架子，然后在外面糊纸。讲究一些的是用木条做好龙骨，外面糊上一层麻布和白纸。旧时京城里裱糊天花、墙壁的匠人手艺十分了得，糊好的天花平整光滑。从天花到墙壁自上而下，都用高丽纸裱糊，一气呵成，叫作

| 隔扇门 |

"四白落地"。

**隔扇门** 四合院各房屋向院内开的门多是隔扇门，装饰有镂空的格子，安装在两根柱子之间。隔扇门一般分为四个门扇，中间的两扇可以开合，旁边的两扇是固定的。隔扇门外装有帘架，方便挂门帘。门帘是四合院少不了的物件，白天隔扇门是打开的，只有夜里睡觉时才关上，所以隔绝内外靠的就是门帘。《红楼梦》里提到门帘，是这样写的："妆蟒绣堆、缂丝弹墨……外有猩猩毡帘二百挂，湘妃竹帘一百挂……"足见旧时门帘样式之多。四合院是四季都挂帘子的，冬季有棉门帘，夏季有竹门帘，春秋用的是夹门帘，至于《红楼梦》里面说到的这些，或是缎面或

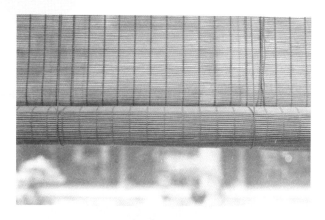

是刺绣的，都不是寻常百姓家的物件。时至今日，北方人还是喜欢挂帘子，夏日挂竹帘或自己引线穿成的珠帘，冬天再换上厚厚的棉帘子，既挡风又保温。

**支摘窗** 四合院的窗户多是支摘窗，所谓支摘窗，是说窗户的上半部分能够支起来，下半部分可以摘下。支摘窗的上半部分多做成各式的窗格，常见的有灯笼锦、步步锦、套方、盘长等。内层天凉时糊上高丽纸，天热时改糊冷布或窗纱。冷布是

| 支摘窗 |

一种织得极稀疏的布，又细又软，价格便宜，夏天用来糊窗，通风透明又能防蚊蝇。旧时有钱人家糊的窗纱讲究质地好坏和颜色的搭配。《红楼梦》里写贾母来到林黛玉

的潇湘馆时，觉得她的窗纱颜色旧了，嘱咐王熙凤给换上新的。因着黛玉所住的潇湘馆里种的多是竹子，贾母认为"院子里头又没有个桃杏树，这个竹子已是绿的，再拿这绿纱糊上反不配"。所换的新窗纱叫作"软烟罗"，软烟罗有四样颜色：一样是雨过天青，一样是秋香色，一样是松绿的，再有一样就是银红的。若是做了帐子，糊了窗，远远看着，就似烟雾一样，所以叫作"软

| 支摘窗 |

室内陈设

烟罗"。那银红的又叫"霞影纱"。贾母命人"明儿就找出几匹来，拿银红的替他糊窗子"。清代画家郑板桥观察纱窗上的竹影，觉得阑珊可爱，在描绘竹子的画作中写道："影落碧纱窗子上，便拈毫素写将来。"后来玻璃窗普及开来，家家户户也就不再夏天冬天地折腾，或许也少了几分影影绰绰的趣味吧。

四合院里门窗的尺寸有严格的要求，都是经过木匠师傅用"鲁班尺"核算过的，

各式窗格

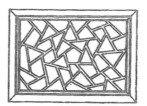

冰裂纹

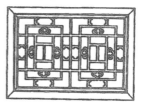

套方灯笼锦

正搭斜交万字窗格

盘长类

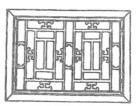

工字卧蚕步步锦

|室内隔断|

|室内隔断|

鲁班尺上的格子都有吉凶的标示，吉利的用红色，不吉利的位置标示为黑色，门窗的尺寸要根据吉凶的标示来设置。

**隔断**　隔断是人们用来划分室内空间的木质装饰，四合院中常见的隔断有板壁、花罩、碧纱橱、博古架等，变化灵活、极富装饰性。板壁就是木板墙，可以雕刻大幅的图案，也可以悬挂字画。花罩的样式很多，例如落地罩、几腿罩、飞罩、栏杆罩、圆罩、八角罩等。有的用榫卯做成各种各样的花格子，有的雕镂不同的花纹图案，但花罩中间都是留空的，既分隔了空间，又有一定程度的通透感。

碧纱橱和隔扇门有些类似，不过它只用在室内，中间的两扇可以打开，也可以挂帘子。碧纱橱下半段是雕刻或素平的板面，上部是棂条花格，棂条花格是两面的，中间夹一层半透明的薄纱，或乳白或淡青或碧绿，薄纱上还可以绘制图案或写就书法，十分风雅。

博古架也叫"多宝格"，是用木板分隔许多大小高低不同的格子，现在仍被许多家庭用来陈列古玩或工艺品，也可以当作书架。四合院的室内装修讲究用料、做工，常用楠木、楸木，讲究的人家也会用红木或花梨木。

## 六

四合院中家具的布置也处处反映民风民俗同时兼顾实用功能，常是"迎面摆丈八条案，上有尊窑瓶、郎窑盖碗儿，案前摆硬木八仙桌，一边一把花梨太师椅"，

| 室内陈设 |

|室内陈设|

|室内陈设|

条案、八仙桌、太师椅都是伦理秩序分明的家具。条案在节日时常用来做祭祀的供案，摆放贡品。除夕时，将祖宗牌位请上供案，上香、化纸、叩头，祈愿新的一年平安顺利。桌子上放置文房四宝，墙上挂着山水扇面，花架上放置精巧的盆景。

安置好门窗、家具，就可以打扫屋子、招待宾客了。新房子落成，中国人有宴请亲朋好友的习俗。乔迁新居旧时称作"温居"。讲究的人家，也会放鞭炮、撒五谷、贴对联。

装饰里的寄托

## | 装饰里的寄托 |

众鸟欣有托，吾亦爱吾庐。

——陶渊明《读山海经·其一》

四合院建筑的装饰主要集中在雕刻与彩画上，它们并不独立存在，而是通过匠人们的构思、雕琢与建筑构件巧妙结合，浑然天成，巧夺天工。四合院的雕饰、彩画处处体现着民俗和传统文化，这些繁复的图案与花样，真实地反映了人们对美好生活的憧憬。

一

四合院建筑的雕刻艺术，主要以砖雕、石雕、木雕为主，广泛地应用在建筑物室内外的各种构件上。雕刻装饰既满足了结构要求和使用功能，又兼具观赏效果，是实用性和艺术性的完美统一。虽然雕刻的材质不同，但装饰都承载着居住者美好的愿

| 四合院里的色彩 |

| 石雕门墩 |

| 门簪雕刻 |

| 墀头雕刻 |

望。生意人的装饰包含一本万利的希望，读书人的装饰暗含一举成名的祈愿，依着主人的喜好、志趣及财力，传统的雕饰纹样蕴含了人们对美好生活的期盼。

常见的雕饰有蝠在眼钱（福在眼前），穗穗瓶鹌（岁岁平安），蝠、鹿、兽（福禄寿，也有雕刻桃子象征寿的），麒麟卧松、蝶入兰山等，都是人们喜爱的纹饰。

"狮"和"嗣""事""世"谐音，雕两只狮子可以表示事事如意，狮子佩绶带又可寓意好事不断，还有的雕刻五只狮子在一起，寓意五世同居，雌狮伴着幼狮是预祝子嗣昌盛，狮子咬住绣球则寓意喜事上门。

因"蝠"与"福"谐音，雕刻五只蝙蝠的纹样十分常见，"五福"指的是长寿、富裕、幸福、美德和健康。铜钱外圆内方，方孔俗称"钱眼"，若是雕一只蝙蝠在飞，周围装饰些许铜钱，就组成一幅福在眼前的图案。

抱鼓石雕刻

雕一只猴子攀缘在枫树枝上，想摘取挂在枝头的官印，树旁有飞舞的蜜蜂，取意封侯挂印，象征官运亨通。雕刻一匹马，再加一只猴子，就有了马上封侯的意思。

"羊"与"阳"同音，雕三只绵羊，表示三阳开泰、否极泰来。

雕一个娃娃撒金钱，戏弄金蟾的图案，是借刘海戏金蟾的典故。金蟾是一只三

门当雕刻

| 抱鼓石雕刻 |

| 抱鼓石雕刻 |

戏金蟾也象征着财源茂盛。

雕一个佛手、一个仙桃、一个石榴，象征多福（"佛"字谐音）、多寿（桃子象征长寿）、多子（石榴籽多）。佛手、桃子、石榴合在一起，组成了传统家庭对和美人生的期望。

瓜初生时很小，而后不断长大，"蝶"与"瓞"同音，所以人们喜雕"瓜瓞连绵"的图案：瓜连藤蔓枝叶，周围飞舞几只蝴蝶，寓意喜庆连连，子孙相继，绵延不绝。

飘带单独作为雕饰图案使用也很广泛，表示好事不断，连绵不绝。

雕两只柿子，一支如意，象征着事事如意。

雕刻一只插有结穗植物（如稻谷）的花瓶，旁边再雕上一只鹌鹑，"穗"与"岁"

足的蟾蜍，古人认为得到它就可以富贵无忧，所以刘海同音、"瓶"与"平"同音、"鹌"与"安"同音,寓意岁岁平安。

有些信仰佛教的人家还雕刻佛教的八种宝器:法轮、宝伞、法螺、莲花、宝瓶、金鱼、白盖、盘长。

民间传说故事中的"八仙"也是百姓们喜欢的装饰题材。钟离权的扇子、吕洞宾的宝剑、张果老的渔鼓、曹国舅的玉板、铁拐李的葫芦、韩湘子的笛子、何仙姑的荷花、蓝采和的花篮,这八种物件组合在一起的图案象征着八仙庆寿。

东、西、南、北加上天与地,合起来称为"六合",泛指天下。雕刻鹿、鹤两种动物及花卉,利用"鹿"与"六"、"鹤"与"合"谐音,与象征春天的花卉一起,表示六合同春的含义。

二

四合院的色彩虽然不像皇家宫殿那样金碧辉煌,但是梁、柱、门窗、檐口、椽头都装饰有油漆彩画。封建社会时,百姓家的大门是不允许漆成红色的,只能漆成黑色,但上面可以有红色的门帘、斗方。进了大门,垂花门更是装饰得十分华丽。红色的门板,前檐五彩的花卉锦纹,蓝绿色的椽子、

|四合院里的色彩|

椽头，或是黑白蓝层层圈套的宝珠图案，或是蓝底子上绘金色"卍"字的图案。内里绿色的屏门带着贴金的斗方，两边倒垂的莲柱头也是色彩纷呈。绿柱红窗、青瓦灰墙，四合院里的色彩也是缤纷可爱的。

## 三

《阳宅十书》中说："大门吉，则全家皆吉矣；房门吉，则满屋皆吉矣。"居者最关心出入平安，所以在装饰大门上花了许多心思。门的装饰既反映古人的智慧、生活标准和审美情趣，也是身份财力的象征和美好愿望的寄托。不同的图案纹样，不同的装饰构件传达出居住者的理念、志趣和爱好。

旧时没有门铃，到了别人家的门前拍门板总显得有些不礼貌。大部分人家便会在门板大约一人高的地方装有一个起到门铃作用的物件——门钹，做成兽面形式的，也称铺首。门钹呈圆形、六边

[门钹与门环]

形或八角形，由铜或铁制成，讲究的人家用黄铜，中间鼓起来呈半个球形，可以挂门环，或是挂菱形、令箭形、树叶形的门坠。

　　客人来访时站在门前，用手拍击门环或门坠，门环或门坠撞击在门钹或铺首之上发出清脆的声音，主人听到后便知有客人来到，及时地开门迎客。

　　"兽面衔环辟不祥"，铺首是含有驱邪意义的。传说木匠的祖师公输般（鲁班）

发现了蠡，蠡在古代即为螺，螺有外壳，遇到危险情况，便将身体缩入壳内以保安全。所以大门上也用螺的形象作为铺首，象征门的坚固安全。后世也有传说，铺首所用的

[门钹与门环]

|红色大门上的
铺首与门环|

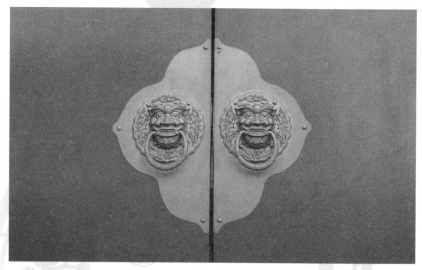

兽面是龙的一个叫作椒图的儿子，它的警惕性很高，所以把它安置在门扇之上。汉代的歌谣里唱道："木门仓琅根，燕飞来，啄皇孙。""仓琅根"说的就是铺首，金属兽面衔环泛着青色光芒，镇守家宅。

小天地里的春夏秋冬、

## |小天地里的春夏秋冬|

壮美巍峨有城墙，气势吞吐有宫城，那街巷里的四合院，像填充这城市的血肉，是情怀，是风致，是寄托，是街头巷尾的记忆。趁着胡同里还有声音，我们一起去看看四合院里的故事。

一

高高的天
宽宽的地

我是天地的小灵气
脚踩黄土头顶天
一颗良心在中间
敬父母
爱兄弟
堂堂正正儿郎气
成栋梁
不怕难
自古英雄出少年

————儿歌

|四合院的拍|

| 北京胡同
四合院 |

中国人信仰的天地平衡、天人合一，就在俗世之间。中国人所说的"天"，并不像西方的上帝那样具象，而是一种宇宙自然的秩序和规律。方方正正的四合院布局承载着这种传统的和谐，也包含着强烈的礼制含义，是"讲家和、重礼俗"观念的体现。

四合院为一家人提供了一处对外保护隐私、对内长幼有序的生活方式。比如，正房长辈住，厢房晚辈住，倒座和后罩房当作书房、客厅或佣人房，人为地划分了主从、内外的关系。这种居住方式，十分契合封建社会的等级观念，几代人共居也符合中国人的传统礼教观念。民俗学家邓云乡先生曾在文章中写道："四合院之好，在于它有房子、有院子、有大门、有房门。关上大门，自成一统；走出房门，顶天立地；四顾环绕，中间舒展；廊栏曲折，有露有藏。"中国人相信"居移气，养移体"，居住环境一定程度上也影响居住者的脾性和气质。中轴对称的四合院其实是"致中和，天地位焉，万物育焉"这一中和精神的体现，老北京人四平八稳的办事态度、大大方方的行为举止、宽厚包容的心态与环境不无关系。

## 二

在南墙根，他逐渐地给种上秋海棠、玉簪花、绣球和虎耳草。院中间，他养着四大盆石榴，两盆夹竹桃，和许多不须费力而能开花的小植物。在南房前面，他还种了两株枣树，一株结的是大白枣，一株结的是甜酸的"莲蓬子儿"。

——老舍《四世同堂》

上|北京老舍故居四合院|

│秋天的北京
胡同│

│冬季四合院
内斑驳的阳光│

四合院中必得种些花木才不辜负这一方园地，像是将天地划了一块放在家中，"四时之景不同，而乐亦无穷也"。

丁香、海棠、榆叶梅，春光里怎么能少了它们？北京人喜爱棠棣，棠棣寓意着兄弟情深。院子里放些盆栽的石榴、夹竹桃、金桂、杜鹃、栀子，花开得好看，香气也宜人。石榴花开似火，夏秋果实累累，还有柿子、葡萄，都有着"多子多福"的寓意。低处再植些玉簪、月季、草茉莉、凤仙花，水缸里也可

种些荷花，温馨的四合院里充满勃勃生机。

　　槐树、枣树更是四合院里十分受欢迎的树木。槐树适合在北京生长，姿态也十分好看。仲夏的槐树荫，最是惬意不过。冬季槐树叶子落尽，枝枝丫丫也是别有一番趣味的景致。而且，槐树和枣树暗含了"三槐九棘"的意味，使人想到"槐棘"或是"三公槐"，这是公卿大夫的树。《周礼》里讲，西周宫廷道路两侧各栽植九株棘树，正面栽植三棵槐树，群臣朝见天子时，卿大夫和公侯伯子男站在棘树下面，"三公"站在槐树下面。栽植棘树的寓意是取其有"赤心"，栽植槐树的寓意是取"槐"与"怀"同音，有"怀民"之意，表明"怀来人于此，

欲与之谋"。

　　植物的搭配种植，讲究春季可以观赏春花烂漫，夏季观赏一片郁郁葱葱，秋季观果实，冬季看枝干。鲁迅先生在散文《秋夜》中写道："在我的后园，可以看见墙外有两株树，一株是枣树，还有一株也是枣树。"枣树落尽了叶子，依旧是鲁迅先

|北京胡同里的
大槐树|

生观察和寄怀的对象。

不过，栽种花花草草也是有讲究的，没有在一走进院子正对大门处栽一株大槐树或大枣树的，大多是种在正房或厢房后面，叫作"围房树"。四合院中几乎没有松树、柏树，因为松柏肃穆，是不适合种进宅子里的。四合院里的人们喜爱养鱼，尤其是金鱼，品种多，样子也美丽。老北京人常说的四合院中的小康之家便是"天棚、鱼缸、石榴树，先生、肥狗、胖丫头"。

三

春节时，家家户户在大门上贴门神、贴春联、贴"福"字，糊上新的窗户纸、打扫屋子，迎接新一年的祥瑞。"一元初复始，万象又更新"，大年三十夜里，做年菜、包饺子，传统的家庭还有"守岁"的习俗，越近午夜鞭炮声越是热闹。

贴门神的习俗由来已久，早至周代，就有"祀门"的习俗，《山海经》中记载，传说沧海之中有座度朔山，这度朔山上生着一株盘曲三千里的大桃树，在枝干延伸出去的东北一端，有一座"鬼门"。各种鬼怪出入都要经过这道门，而把守这道鬼门的两位神将，一位叫神荼，一位叫郁垒，若是遇上危害人间的邪神恶鬼，便将它绑了喂给老虎或是毒龙。所以旧时人们在辞旧迎新之际，总会用桃木板分别写上这二神的名字，或在纸上画上他们的图像，悬挂或贴在大门上，"千门万户曈曈日，总把新桃换旧符"，图的是个消灾避凶的心安。

当然，后世又出现许多不同的门神，门神并不一定

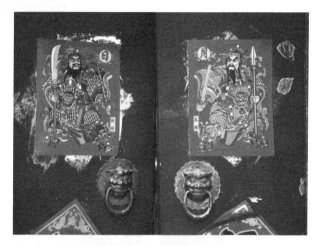

[门神]

是位列仙班的，中国人乐天又务实的思想使得许多正直或勇猛的文官武将形象都被贴在了门上，常见的如唐代大将秦叔宝（秦琼）和尉迟敬德（尉迟恭）以及关羽、张飞、钟馗、岳飞，无论是驱邪避鬼，还是保卫家宅、请神接仙，门神更多承载的是百姓们心里的祈愿。

## 四

夏季炎热，四合院里为了消暑也有许多的办法，邓

| 夕阳竹帘蒲扇 |

云乡先生将四合院消暑的情景描述为："冷布糊窗，竹帘映日，冰桶生凉，天棚荫屋，再加上冰盏声声，蝉鸣阵阵，午梦初回，闲情似水。"

夏日里四合院改用一种透气敞亮的"冷布"糊窗，隔扇门上改挂竹帘，院子里搭起天棚遮阴。遇上婚丧嫁娶，来往的客人一多，屋子内的空间不够用时，也会在院子里搭天棚，招待客人。

搭天棚可是一门手艺，旧时京城里多是"棚铺"，到了固定的时间，专业搭棚工上门服务，包搭包拆，一条龙服务。棚子是用长长的杉篙和小竹竿扎成支架，再铺上芦席，既有屋顶也有可以卷放的窗户。办喜事的大棚称喜棚，装饰着彩色的挂檐与大红的双喜字。办丧事的大棚称灵棚，挂檐用蓝色或者白色，灵棚的窗户也会贴上蓝色的寿字。

北方的夏天雨水多，乌云几分钟就卷占了天边，雷阵雨顷刻即来，瓢泼的雨水打在屋瓦上、枝叶上、地面上，激起碗状的水花，从噼里啪啦的交响乐到雨水歇气儿后顺着屋檐滴落的滴滴答答，在帘子后面打着扇子，闭目间也是四合院中的一道声景呢。

七月酷热，旧时的四合院里没有空调、电风扇，消暑少不了"冰桶"，不管是家中的大桶或是大缸，尽管拿出来，不用花费多少钱，去冰铺里买上一大块冰放在家中，"三钱买得水晶山"。"水晶山"上冰上一小盆绿豆汤，午睡后，在蝉鸣和胡同里叫卖声的混杂中，喝上一碗，暑气也消解了大半。

四合院还有一处风景就是胡同里的叫卖声，根据响器声音的不同，可以分辨出是卖什么东西、做什么事情的。卖烧饼、油条果子的敲梆子，卖酸梅汤、冰糖葫芦的敲冰盏，卖针头线脑的摇着拨浪鼓，看病开药的郎中摇铃，胡同里好生热闹。

秋天是北京四合院最好的时节，老舍先生就曾在《住的梦》里写道："秋天一定要住北平，天堂是什么样子，我不知道，但是从我的生活

上京接著北京胡同里的老手艺人↓

| 雪后的四合院 |

经验去判断，北平之秋便是天堂。"中秋赏菊，要在院子里排开桌案，陈列瓜果月饼，红烛高照、焚香拜月，不过拜月只能是家里的姑娘参加。这些俗成的约定好像人为在时间上按下休止符，"此刻"因停顿而丰富，又以不同的感怀形式载入个体的记忆，在某个不经意的瞬间，再次涌上心头。

到了冬天，窗户又重新糊上不透风的厚纸，屋外银装素裹，在屋里生上炉子，围着炉火话着家常，又转过了新的一年。

# | 结语 |

四合院的居住方式在现在的生活中，难以满足密集人口的需求。

"故作千年事，宁知百岁人"，从前的中国人并没有太多把建筑留住千百年的想法。过去的半个多世纪中，许多格局规整、建造精美的四合院在大规模的改造拆除中消失，或是改造搭棚，变成许多人居住的杂院。根据统计，在过去的 50 年里，老北京 80% 的四合院消失了。现在京城旧的城区内，格局和建筑都非常完整的四合院已经不多见了，作为见证城

| 四合院大门外部 |

| 胡同四合院 |

市风貌与发展的一部分，是十分可惜的。

民俗来自长久以来的生活，在生活中传承、发展，又在我们的行为、语言和心理中凝聚，像一条无形的路，既有来时的伏脉千里，也给我们看向未来的踏实。居住是民俗重要的组成部分，并非仅依赖形式或物质，更像是一种内在的精神性贯通着今与昔。四合院的居住形式不仅围合了居住的空间，也带来心理的聚合与生活方式的协同。

希望这些文字，能打开合院住宅的大门，令人感受到穿越千百年而来的木石砖瓦的温度。希望能够像一棵树晃动另一棵树，一朵云触碰另一朵云那般，在你心里留下美丽的投影。

图书在版编目（CIP）数据

　　四合院的礼俗 / 王颢霖编著；刘托本辑主编. --
哈尔滨：黑龙江少年儿童出版社，2020.2（2021.8重印）
　　（记住乡愁：留给孩子们的中国民俗文化 / 刘魁立
主编. 第八辑，传统营造辑）
　　ISBN 978-7-5319-6526-8

　　Ⅰ. ①四… Ⅱ. ①王… ②刘… Ⅲ. ①北京四合院—
介绍—青少年读物 Ⅳ. ①TU241.5-49

　　中国版本图书馆CIP数据核字(2020)第005588号

记住乡愁——留给孩子们的中国民俗文化　　　　　　　　刘魁立◎主编

第八辑 传统营造辑　　　　　　　　　　　　　　　　　刘　托◎本辑主编

四合院的礼俗 SIHEYUAN DE LISU　　　　　　　　　　王颢霖◎编著

出版人：商　亮
项目策划：张立新　刘伟波
项目统筹：华　汉
责任编辑：杨钰苏
整体设计：文思天纵
责任印制：李　妍　王　刚
出版发行：黑龙江少年儿童出版社
　　　　　（黑龙江省哈尔滨市南岗区宣庆小区8号楼 150090）
网　　址：www.lsbook.com.cn
经　　销：全国新华书店
印　　装：北京一鑫印务有限责任公司
开　　本：787 mm×1092 mm　1/16
印　　张：5
字　　数：50千
书　　号：ISBN 978-7-5319-6526-8
版　　次：2020年2月第1版
印　　次：2021年8月第2次印刷
定　　价：35.00元